建筑工人安全操作基本知识读本

水 暖 工

建设部工程质量安全监督与行业发展司
全国总工会中国海员建设工会 组织编写

中国建筑工业出版社

图书在版编目(CIP)数据

水暖工/建设部工程质量安全监督与行业发展司,全国总工会中国海员建设工会组织编写.—北京:中国建筑工业出版社,2006
(建筑工人安全操作基本知识读本)
ISBN 978-7-112-08368-8

Ⅰ.水... Ⅱ.①建... ②全... Ⅲ.水暖工-安全技术 Ⅳ.TU832

中国版本图书馆CIP数据核字(2006)第049360号

建筑工人安全操作基本知识读本
水 暖 工
建设部工程质量安全监督与行业发展司　组织编写
全国总工会中国海员建设工会

*

中国建筑工业出版社出版、发行(北京西郊百万庄)
各地新华书店、建筑书店经销
北京嘉泰利德制版公司
廊坊市海涛印刷有限公司印刷

*

开本:787×960毫米　1/32　印张:$1\frac{1}{8}$　字数:20千字
2006年6月第一版　2017年9月第四次印刷
定价:10.00元
ISBN 978-7-112-08368-8
(26296)

版权所有　翻印必究
如有印装质量问题,可寄本社退换
(邮政编码 100037)

本书为建筑工人安全操作基本知识读本丛书(10册)之一。全书共分为四部分,第一部分为安全基本知识,主要介绍施工人员在工作及生活中的基本行为准则及注意事项;第二部分为安全操作基本知识,主要涉及水暖工的安全知识与基本操作要求;第三部分为常用安全标志,主要展示施工现场中常见的安全警示牌并标示应急救援电话号码;第四部分主要摘录了《中华人民共和国安全生产法》等相关安全生产法律法规内容。本书内容实用、针对性强、图文并茂、通俗易懂、携带方便,是施工现场作业人员及安全管理人员安全知识普及教育的好助手。

责任编辑:刘　江
责任设计:崔兰萍
责任校对:张树梅　关　健

本书编写人员

审查人员：曲 琦　陈 付　王 敏
　　　　　李长春　王英姿　邓 谦
　　　　　周武进
编写人员：王天祥　张 强　叶德传
　　　　　李智勇　陈 伟　林利华
　　　　　郑成国　林瑞良
插　　图：蔡 颉

前　言

　　建筑业是我国国民经济的重要支柱产业之一，同时也是危险性较大的行业。为进一步加强对建筑从业人员安全教育培训，使从业人员能更好地掌握建筑施工安全知识，进一步提高安全意识和自我保护能力，防止和遏止施工伤亡事故的发生，建设部、全国总工会组织福建省建设厅及有关单位编写了《建筑工人安全操作基本知识读本》丛书。本丛书一套10本，分别为抹灰与砌筑工、木工、钢筋工、普通工、架子工、中小型机具操作工、水暖工、焊工、电工、起重垂直运输操作工等10个工种。读本由四部分组成：第一部分为安全基本知识，主要介绍施工人员在工作及生活中的基本行为准则及注意事项；第二部分为安全操作基本知识，主要涉及相关工种的安全知识与基本操作要求；第三部分为常用安全标志，主要展示施工现场中常见的安全警示牌并标示应急救援电话号码；第四部分主要摘录了《中华人民共和国安全生产法》等相关安全生产法律法规内容。本丛书内容实用、针对性强、图文并茂、通俗易懂、携带方便，是施工现场相关工种作业人员及安全管理人员安全知识普及教育的好助手。

目 录

一、安全基本知识 ………………………………… 1
二、安全操作基本知识 …………………………… 10
三、常见安全标志牌 ……………………………… 16
四、相关安全生产法律法规摘录 ………………… 20

一、安全基本知识

1.权利和义务

①从业人员有获得签订劳动合同的权利,也有履行劳动合同的义务。

②有接受安全生产教育和培训的权利,也有掌握本职工作所需要的安全生产知识的义务。

③有获得符合国家标准的劳动防护用品的权利,同时也有正确佩戴和使用劳动防护用品的义务。

④有了解施工现场及工作岗位存在的危险因素、防范措施及施工应急措施的权利;也有相互关心,帮助他人了解安全生产状况的义务。

⑤有对安全生产工作的建议权,也有尊重、听从他人相关安全生产合理建议的义务。

⑥有对安全生产工作提出批评、检举、控告的权利，也有接受管理人员及相关部门真诚批评、善意劝告、合理处分的义务。

⑦有对违章指挥和强令冒险作业的拒绝权，也有遵章守纪、服从正确管理的义务。

⑧在施工中发生危及人身安全的紧急情况时，有权立即停止作业或者在采取必要的应急措施后撤离危险区域；同时有义务及时向本单位（或项目部）安全生产管理人员或主要负责人报告。

⑨发生工伤事故时，有获得工伤及时救治、工伤社会保险及意外伤害保险的权利；也有反思事故教训，提高安全意识的义务。

2.安全教育

①新进场或转场工人必须经过安全教育培训，经考核合格后才能上岗。

②每年至少接受一次安全生产教育培训，教育培训及考核情况统一归档管理。

③季节性施工、节假日后、待工复工或变换工种也必须接受相关的安全生产教育或培训。

3. 持证上岗

工地电工、焊工、登高架设作业人员、起重指挥信号工、起重机械安装拆卸工、爆破作业人员、塔式起重机司机、施工电梯司机、厂内机动车辆驾驶人员等特种作业人员,必须持有政府主管部门颁发的特种作业人员资格证方可上岗。

4. 安全交底

施工作业人员必须接受工程技术人员书面的安全技术交底,并履行签字手续,同时参加班前安全活动。

5.安全通道

应按指定的安全通道行走,不得在工作区域或建筑物内抄近路穿行或攀登跨越"禁止通行"的区域。

6.防护用品

①进入工地必须戴安全帽,并系紧下颌带;女工的发辫要盘在安全帽内。

②在2米以上（含2米）有可能坠落的高处作业，必须系好安全带；安全带应高挂低用。

③禁止穿高跟鞋、硬底鞋、拖鞋及赤脚、光背进入工地。

④作业时应穿"三紧"（袖口紧、下摆紧、裤脚紧）工作服。

7. 设备安全

①不得随意拆卸或改变机械设备的防护罩。

②施工作业人员无证不得操作特种机械设备。

8.安全设施

不得随意拆改各类安全防护设施（如防护栏杆、防护门、预留洞口盖板等）。

9.用电安全

①不得私自乱拉乱接电源线，应由专职电工安装操作。

②不得随意接长手持、移动电动工具的电源线或更换其插头；施工现场禁止使用明插座或线轴盘。

③禁止在电线上挂晒衣物。

④发生意外触电,应立即切断电源后进行急救。

10.防火安全

①吸烟应在指定"吸烟点"。

②禁止在宿舍使用煤油炉、液化气炉以及电炉、电热棒、电饭煲、电炒锅、电热毯等电器。

③发现火情及时报告。

11. 文明行为

①进入工地服装应整洁,必须佩戴工作卡。

②保持作业场所整洁,要做到工完料净场地清,不能随意抛撒物料;物料要堆放整齐。

③在工地禁止嬉闹及酒后工作;员工应互相帮助,自尊自爱,禁止赌博等违法行为。

④施工现场严禁焚烧各类废弃物。

12.事故报告

发生生产安全事故应立即向管理人员报告,并在管理人员的指挥下积极参与抢救受伤人员。

13.卫生与健康

①注意饮食卫生,不吃变质饭菜;应喝开水,不要喝生水。

②讲究个人卫生,勤洗澡,勤换衣。

③出现身体不适或生病时,应及时就医,不要带病工作。

④宿舍被褥应叠放整齐、个人用具按次序摆放;保持室内、外环境整洁。

⑤员工应注意劳逸结合,积极参与健康的文体活动。

二、安全操作基本知识

1. 水暖管道或设备安装时所使用的机械设备都应有专用的末级开关箱,并且开关箱与机械设备的距离不得大于3米,必须实行"一机一闸一漏一箱"制。

2. 工具的插头不得随意拆除或改换,当原有插头损坏时,应及时更换同型号的插头。

3.水暖工在现场进行预制、安装时,作业场所应干燥平整。机具同时进行作业时,必须有充裕的操作空间。

4.吊装风管所用的索具应牢固,吊装时吊索与风管应绑扎固定,并与电线保持安全距离。

5.管道吊装时,倒链荷载应与所吊重物相匹配,且倒链完好无损,吊件下方禁止站人,管道固定牢固后,方可松倒链。

6.用机械敲打管道时,管道下方不得站人,人工敲打时人员要避开;管子加热时,管口前不得有人。

7.安装立管应从下往上安装,安装后应及时固定好,以免意外。

8.管子串动和对口,动作要协调,手不得放在管口和法兰接合处。

9.翻动工件时,应防止滑动及倾斜,以免发生意外。

10.使用人力弯管器弯管时,应选择平整的场地,不可在高低不平处或高处临边作业;操作时面部要避开,以防意外。

11.折梯之间应加拉链或拉绳;光滑地面使用梯子,梯脚应加绝缘套或橡胶垫;在泥土地面上使用梯子梯脚应加铁尖固定;折梯使用时上部夹角以35度到45度为宜。

12.上下梯子必须面对梯子,且不得手持器物。

13.安装管道时必须有已完结构或操作平台为立足点,严禁在安装中的管道上站立或行走。

14.组装风管时,法兰孔应用尖冲撬正,严禁用手指触摸。

15.在风管内铆法兰及冲眼腰箍时,管外配合人员要避开冲铆位置。

16.在穿线时,不得对管口呼唤、吹气,防止带线弹力勾眼,穿导线时应互相配合,防止挤手,避免伤害。

17.楼板砖墙打透眼时,板下、墙后不得有人靠近。

18.剔槽打洞时须戴防护眼镜,锤头不得松动,管洞即将打透时必须缓慢轻打。

19.进行电焊、气焊时必须按规定穿戴好防护用品(戴安全帽、穿绝缘鞋、戴绝缘手套)。

20.用锯床、钢锯架、切管器、砂轮切管机切割管子,要垫平卡牢;临近切断时,用力不得过猛,应用手或支架托住。

21.使用折方机进行折方时,作业人员应互相配合,并与折方机保持距离,以免被翻转的钢板和配重击伤。

三、常见安全标志牌

1.禁止标志（注：红色表示禁止）

● 禁止吸烟

● 禁止烟火

● 禁止合闸

● 禁止转动

● 禁止攀登

● 禁止通行

● 禁止入内

● 禁止停留

● 禁止乘人

● 禁止跨越

 ● 禁止抛物
 ● 禁止戴手套

2.警告标志（注：黄色表示警告、注意）

 ● 注意安全
 ● 当心火灾
 ● 当心触电
 ● 当心电缆
 ● 当心机械伤人
 ● 当心伤手
 ● 当心扎脚
 ● 当心吊物

 ● 当心坠落
 ● 当心落物

 ● 当心坑洞
 ● 当心塌方

 ● 当心滑跌
 ● 当心绊倒

3.指令标志（注：蓝色表示指令或必须遵守的规定）

 ● 必须戴防护眼镜
 ● 必须戴防毒面具

 ● 必须戴防尘口罩
 ● 必须戴护耳器

● 必须戴安全帽　　　　● 必须系安全带

● 必须戴防护手套　　　● 必须穿防护鞋

4. 指示标志（注：绿色表示指示）

● 紧急出口　　　　　　● 可动火区

5. 常用应急电话号码

火警电话：　　　　　　119
医疗急救电话：　　　　120
匪警电话：　　　　　　110

四、相关安全生产法律法规摘录

一、中华人民共和国安全生产法（摘录）

第三条　安全生产管理，坚持安全第一、预防为主的方针。

第六条　生产经营单位的从业人员有依法获得安全生产保障的权利，并应当依法履行安全生产方面的义务。

第七条　工会依法组织职工参加本单位安全生产工作的民主管理和民主监督，维护职工在安全生产方面的合法权益。

第二十一条　生产经营单位应当对从业人员进行安全生产教育和培训，保证从业人员具备必要的安全生产知识，熟悉有关的安全生产规章制度和安全操作规程，掌握本岗位的安全操作技能。未经安全生产教育和培训合格的从业人员，不得上岗作业。

第三十三条　生产经营单位对重大危险源应当登记建档，进行定期检测、评估、监控，并制定应急预案，告知从业人员和相关人员在紧急情况下应当采取的应急措施。

第三十四条　生产、经营、储存、使用危险物品的车间、商店、仓库不得与员工宿舍在同一座建筑物内，并应当与员工宿舍保持安全距离。

第三十六条　生产经营单位应当教育和督促从业人员严格执行本单位的安全生产规章制度和安全操作规程；并向从业人员如实告知作业场所和工作岗位存在的危险因素、防范措施以及事故应急措施。

第三十七条　生产经营单位必须为从业人员提供符合国家

标准或者行业标准的劳动防护用品,并监督、教育从业人员按照使用规则佩戴、使用。

第四十三条 生产经营单位必须依法参加工伤社会保险,为从业人员缴纳保险费。

第四十四条 生产经营单位与从业人员订立的劳动合同,应当载明有关保障从业人员劳动安全、防止职业危害的事项,以及依法为从业人员办理工伤社会保险的事项。

生产经营单位不得以任何形式与从业人员订立协议,免除或者减轻其对从业人员因生产安全事故伤亡依法应承担的责任。

第四十五条 生产经营单位的从业人员有权了解其作业场所和工作岗位存在的危险因素、防范措施及事故应急措施,有权对本单位的安全生产工作提出建议。

第四十六条 从业人员有权对本单位安全生产工作中存在的问题提出批评、检举、控告;有权拒绝违章指挥和强令冒险作业。

生产经营单位不得因从业人员对本单位安全生产工作提出批评、检举、控告或者拒绝违章指挥、强令冒险作业而降低其工资、福利等待遇或者解除与其订立的劳动合同。

第四十七条 从业人员发现直接危及人身安全的紧急情况时,有权停止作业或者在采取可能的应急措施后撤离作业场所。

第四十八条 因生产安全事故受到损害的从业人员,除依法享有工伤社会保险外,依照有关民事法律尚有获得赔偿的权利的,有权向本单位提出赔偿要求。

第四十九条 从业人员在作业过程中,应当严格遵守本单位的安全生产规章制度和操作规程,服从管理,正确佩戴和使用劳动防护用品。

第五十条 从业人员应当接受安全生产教育和培训,掌握本职工作所需的安全生产知识,提高安全生产技能,增强事故预防和应急处理能力。

第五十一条 从业人员发现事故隐患或者其他不安全因素,应当立即向现场安全生产管理人员或者本单位负责人报告;接到报告的人员应当及时予以处理。

第六十四条 任何单位或者个人对事故隐患或者安全生产违法行为,均有权向负有安全生产监督管理职责的部门报告或者举报。

第七十条 生产经营单位发生生产安全事故后,事故现场有关人员应当立即报告本单位负责人。

二、中华人民共和国劳动法(摘录)

第三条 劳动者享有平等就业和选择职业的权利、取得劳动报酬的权利、休息休假的权利、获得劳动安全卫生保护的权利、接受职业技能培训的权利、享受社会保险和福利的权利、提请劳动争议处理的权利以及法律规定的其他劳动权利。

劳动者应当完成劳动任务,提高职业技能,执行劳动安全卫生规程,遵守劳动纪律和职业道德。

第七条 劳动者有权依法参加和组织工会。

工会代表和维护劳动者的合法权益,依法独立自主地开展活动。

第八条 劳动者依照法律规定,通过职工大会、职工代表大会或者其他形式,参与民主管理或者就保护劳动者合法权益与用人单位进行平等协商。

第十五条 禁止用人单位招用未满十六周岁的未成年人。

第十七条 订立和变更劳动合同,应当遵循平等自愿、协商一致的原则,不得违反法律、行政法规的规定。

第十九条 劳动合同应当以书面形式订立,并具备以下条款:

(一)劳动合同期限;

(二)工作内容;

(三)劳动保护和劳动条件;

(四)劳动报酬;

(五)劳动纪律;

(六)劳动合同终止的条件;

(七)违反劳动合同的责任。

劳动合同除前款规定的必备条款外,当事人可以协商约定其他内容。

第二十一条 劳动合同可以约定试用期。试用期最长不得超过六个月。

第二十九条 劳动者有下列情形之一的,用人单位不得解除劳动合同:

(一)患职业病或者因工负伤并被确认丧失或者部分丧失劳动能力的;

(二)患病或者负伤,在规定的医疗期内的;

（三）女职工在孕期、产期、哺乳期内的；

（四）法律、行政法规规定的其他情形。

第三十二条 有下列情形之一的，劳动者可以随时通知用人单位解除劳动合同：

（一）在试用期内的；

（二）用人单位以暴力、威胁或者非法限制人身自由的手段强迫劳动的；

（三）用人单位未按照劳动合同约定支付劳动报酬或者提供劳动条件的。

第三十六条 国家实行劳动者每日工作时间不超过八小时、平均每周工作时间不超过四十四小时的工时制度。

第五十条 工资应当以货币形式按月支付给劳动者本人。不得克扣或者无故拖欠劳动者的工资。

第五十三条 劳动安全卫生设施必须符合国家规定的标准。

第五十四条 用人单位必须为劳动者提供符合国家规定的劳动安全卫生条件和必要的劳动防护用品，对从事有职业危害作业的劳动者应当定期进行健康检查。

第五十五条 从事特种作业的劳动者必须经过专门培训并取得特种作业资格。

第五十六条 劳动者在劳动过程中必须严格遵守安全操作规程。

劳动者对用人单位管理人员违章指挥、强令冒险作业，有权拒绝执行；对危害生命安全和身体健康的行为，有权提出批评、检举和控告。

第六十五条 用人单位应当对未成年工定期进行健康检查。

第七十三条 劳动者在下列情形下,依法享受社会保险待遇:

(一)退休;

(二)患病、负伤;

(三)因工伤残或者患职业病;

(四)失业;

(五)生育。

劳动者死亡后,其遗属依法享受遗属津贴。

劳动者享受社会保险待遇的条件和标准由法律、法规规定。

劳动者享受的社会保险金必须按时足额支付。

第七十九条 劳动争议发生后,当事人可以向本单位劳动争议调解委员会申请调解;调解不成,当事人一方要求仲裁的,可以向劳动争议仲裁委员会申请仲裁。当事人一方也可以直接向劳动争议仲裁委员会申请仲裁。对仲裁裁决不服的,可以向人民法院提起诉讼。

三、中华人民共和国建筑法(摘录)

第三十六条 建筑工程安全生产管理必须坚持安全第一、预防为主的方针,建立健全安全生产的责任制度和群防群治制度。

第四十六条 建筑施工企业应当建立健全劳动安全生产教育培训制度,加强对职工安全生产的教育培训;未经安全生产教育培训的人员,不得上岗作业。

第四十七条　建筑施工企业和作业人员在施工过程中,应当遵守有关安全生产的法律、法规和建筑行业安全规章、规程,不得违章指挥或者违章作业。作业人员有权对影响人身健康的作业程序和作业条件提出改进意见,有权获得安全生产所需的防护用品。作业人员对危及生命安全和人身健康的行为有权提出批评、检举和控告。

四、建设工程安全生产管理条例　（摘录）

第二十五条　垂直运输机械作业人员、安装拆卸工、爆破作业人员、起重信号工、登高架设作业人员等特种作业人员,必须按照国家有关规定经过专门的安全作业培训,并取得特种作业操作资格证书后,方可上岗作业。

第二十八条　施工单位应当在施工现场入口处、施工起重机械、临时用电设施、脚手架、出入通道口、楼梯口、电梯井口、孔洞口、桥梁口、隧道口、基坑边沿、爆破物及有害危险气体和液体存放处等危险部位,设置明显的安全警示标志。

第二十九条　施工单位应当将施工现场的办公、生活区与作业区分开设置,并保持安全距离;办公、生活区的选址应当符合安全性要求。职工的膳食、饮水、休息场所等应符合卫生标准。施工单位不得在尚未竣工的建筑物内设置员工集体宿舍。

第三十二条　施工单位应当向作业人员提供安全防护用具和安全防护服装,并书面告知危险岗位的操作规程和违章操作的危害。

作业人员有权对施工现场的作业条件、作业程序和作业方式中存在的安全问题提出批评、检举和控告,有权拒绝违章指挥和强令冒险作业。

在施工中发生危及人身安全的紧急情况时,作业人员有权立即停止作业或者在采取必要的应急措施后撤离危险区域。

第三十六条 施工单位应当对管理人员和作业人员每年至少进行一次安全生产教育培训,其教育培训情况记入个人工作档案。安全生产教育培训考核不合格的人员,不得上岗。

第三十七条 作业人员进入新的岗位或者新的施工现场前,应当接受安全生产教育培训。未经教育培训或者教育培训考核不合格的人员,不得上岗作业。

第三十八条 施工单位应当为施工现场从事危险作业的人员办理意外伤害保险。

五、工伤保险条例(摘录)

第一条 为了保障因工作遭受事故伤害或者患职业病的职工得到医疗救治和经济补偿,促进工伤预防和职业康复,分散用人单位的工伤风险,制定本条例。

第二条 中华人民共和国境内的各类企业的职工和个体工商户的雇工,均有依照本条例的规定享受工伤保险待遇权利。

第十四条 职工有下列情形之一的,应当认定为工伤:

(一)在工作时间和工作场所内,因工作原因受到事故伤害的;

(二)工作时间前后在工作场所内,从事与工作有关的预备性或者收尾性工作受到事故伤害的；

(三)在工作时间和工作场所内意外伤害的；

(四)患职业病的；因履行工作职责受到暴力等伤害的；

(五)因工外出期间，由于工作原因受到伤害或者发生事故下落不明的；

(六)在上下班途中，受到机动车事故伤害的；

(七)法律、行政法规规定应当认定为工伤的其他情形。

第十五条　职工有下列情形之一的，视同工伤：

(一)在工作时间和工作岗位，突发疾病死亡或者在48小时之内经抢救无效死亡的；

(二)在抢险救灾等维护国家利益、公共利益活动中受到伤害的；

(三)职工原在军队服役，因战、因公负伤致残，已取得革命伤残军人证，到用人单位后旧伤复发的。

职工有前款第(一)项、第(二)项情形的，按照本条例的有关规定享受工伤保险待遇；职工有前款第(三)项情形的，按照本条例的有关规定享受除一次性伤残补助金以外的工伤保险待遇。

第十六条　职工有下列情形之一的，不得认定为工伤或者视同工伤：

(一)因犯罪或者违反治安管理伤亡的；

(二)醉酒导致伤亡的；

(三)自残或者自杀的。

第十七条　职工发生事故伤害或者按照职业病防治法规定被诊断、鉴定为职业病，所在单位应当自事故伤害发生之日或者被诊断、鉴定为职业病之日起30日内,向统筹地区劳动保障行政部门提出工伤认定申请。遇有特殊情况,经报劳动保障行政部门同意,申请时限可以适当延长。用人单位未按前款规定提出工伤认定申请的,工伤职工或者其直系亲属、工会组织在事故伤害发生之日或者被诊断、鉴定为职业病之日起一年内,可以直接向用人单位所在地统筹地区劳动保障行政部门提出工伤认定申请。

第十九条 劳动保障行政部门受理工伤认定申请后,根据审核需要可以对事故伤害进行调查核实,用人单位、职工、工会组织、医疗机构以及有关部门应当予以协助。职业病诊断和诊断争议的鉴定,依照职业病防治法的有关规定执行。对依法取得职业病诊断证明书或者职业病诊断鉴定书的,劳动保障行政部门不再进行调查核实。

职工或者其直系亲属认为是工伤,用人单位不认为是工伤的,由用人单位承担举证责任。

第二十条 劳动保障行政部门应当自受理工伤认定申请之日起60日内作出工伤认定的决定,并书面通知申请工伤认定的职工或者其直系亲属和该职工所在单位。

劳动保障行政部门工作人员与工伤认定申请人有利害关系的,应当回避。